计量服务提升
工作手册

国网河南省电力公司　编

中国水利水电出版社
www.waterpub.com.cn
·北京·

内 容 提 要

为深入落实国家电网公司"着力解决供电服务领域突出问题，坚持以客户为中心，履职践诺，进一步提升优质服务水平"的重要工作需求，本手册按照"统一、实用、高效"的原则，在对河南省计量服务常见问题统计分析的基础上，有针对性地梳理完善了电能计量装置串户管控细则、户表轮换改造规范流程及验表超时管控措施等工作要求，明确提出了电能计量人员服务态度及规范要求，对客服人员可能遇到的计量常见咨询问题进行了解答，并将相关工作要求及知识点总结成了电能计量服务提升工作口诀，以方便广大计量管理人员和一线工作者参考使用。

图书在版编目（ＣＩＰ）数据

计量服务提升工作手册 ／ 国网河南省电力公司编
. -- 北京 ： 中国水利水电出版社，2020.10
ISBN 978-7-5170-9003-8

Ⅰ．①计… Ⅱ．①国… Ⅲ．①用电管理－电学计量－技术手册 Ⅳ．①TM92-62

中国版本图书馆CIP数据核字(2020)第206358号

书　　名	计量服务提升工作手册 JILIANG FUWU TISHENG GONGZUO SHOUCE
作　　者	国网河南省电力公司　编
出版发行	中国水利水电出版社 （北京市海淀区玉渊潭南路1号D座　100038） 网址：www.waterpub.com.cn E-mail:sales@waterpub.com.cn 电话：（010）68367658（营销中心）
经　　售	北京科水图书销售中心（零售） 电话：（010）88383994、63202643、68545874 全国各地新华书店和相关出版物销售网点
排　　版	中国水利水电出版社微机排版中心
印　　刷	清淞永业（天津）印刷有限公司
规　　格	170mm×240mm　16开本　4.5印张　60千字
版　　次	2020年10月第1版　2020年10月第1次印刷
印　　数	0001—1500册
定　　价	**28.00元**

《计量服务提升工作手册》
编 委 会

主　　编　宋　伟

副 主 编　秦　楠　颜中原

编写人员　许　庭　马志静　李　静　张世祎

　　　　　　李　琪　王银慧　郝梦飞　闫　利

　　　　　　常　灵　刘　璇　冯小鹤

前　言

为深入落实国家电网公司"着力解决供电服务领域突出问题，坚持以客户为中心，履职践诺，进一步提升优质服务水平"的重要工作要求，公司加快推进以客户为中心的现代服务体系建设，聚焦客户和市场需求导向，进一步提高服务意识，全面提升优质服务保障能力。为指导全省计量投诉管控工作规范高效开展，国网河南省电力公司组织编写了《计量服务提升工作手册》，本手册涉及计量装置串户管控、户表轮换改造规范、验表超时管控、计量人员服务规范、反窃电现场工作规范及计量常见问题解答等内容，可作为各单位开展计量投诉管控工作的指导培训材料。

本手册按照"统一、实用、高效"的原则，在对全省计量投诉问题统计分析的基础上，有针对性地梳理完善了计量装置串户管控细则、户表轮换改造规范流程及验表超时管控措施等工作要求，明确提出了计量人员服务态度及规范要求，对客服人员可能遇到的计量常见咨询问题进行了解答，并将相关工作要求及知识点总结成了计量投诉管控口诀，以方便广大计量管理人员和一线工作者参考使用。

本手册在编写过程中得到了国网郑州、安阳、焦作、洛阳、漯河、南阳、许昌供电公司等单位有关同志的大力支持和帮助，在此一并表示感谢。

2020 年 8 月

目　录

第一部分　电能计量人员服务规范

1. 严格遵守国家法律、法规，诚实守信、恪守承诺。敬岗爱业，公平公正，廉洁自律，秉公办事。遵守国家保密原则，尊重客户的保密要求，不对外泄露客户的保密资料。

2. 计量现场作业严格按照《国家电网公司电力安全工作规程》和《国家电网公司计量标准化作业指导书》等要求安全文明施工，避免产生安全隐患，有效防范计量现场作业安全风险。

3. 计量人员现场工作时，应着装规范整洁、主动出示工作证件，遵守客户内部有关规章制度，不得向客户随意承诺非公司规定的业务事项。推行首问负责制。由于装表串户、计量装置差错、施工破坏等问题造成客户损失的，受理人应主动介绍电费退补或赔付流程，消除客户疑虑，争取客户理解。

4. 计量业务禁止收费。装表接电现场作业前，告知客户供电设施的产权分界点，在工作时间内不得以任何理由为客户提供非公司业务的延伸服务，不得向客户收取费用。

5. 对客户涉及计量业务的工程不指定设计单位，不指定施工单位，不指定设备材料供货单位。

6. 供电企业在新装、换装及现场校验前应核对电能表号、用户编号、用户地址等重要信息，工作完成后应对电能计量装置加封，并请客户在工作凭证上签章。高压客户计量装置现场工作需提前预约，并在约定时间内到达现场，工作完成后应请客户核对表计底数并签字确认。低压客户计量装置现场工作应提前在小区和单元张贴告知书，或在物业公司（村委会）备案，换表后逐户送达或张贴"换表告知书"提醒客户检查是否串户。"换表告知书"应告知客户新、旧电能表底数，并提醒其核对自家的电能表号、表后开关、户名、进户线是否正确。换表工单应正确填写新、旧电能表起止示数，并请客户签字确认，或由物业公司、社区（村委会）人员签字确认。计量装置更换后要拍照存档，拆回的电能计量装置应在表库至少存放一个抄表或电费结算周期，以便客户提出异议时进行复核。

7. 对客户受电工程计量装置的中间检查和竣工检查，应以有关的法律法规、技术规范、技术标准、施工设计为依据，不得提出不合理要求。对检查或检验不合格的，应向客户耐心说明，并留下书面整改意见。客户改正后应予以再次检验，直至合格。

8. 计量人员应按规程规定的周期，检验或检定以及轮换计费电能表，并对电能计量装置进行不定期检查。发现计量装置异常时，应及时查明原因并按规定处理。

9. 受理客户计费电能表校验申请后，5个工作日内出具检测结果。客户提出电能表数据异常后，5个工作日内核实并答复。如客户对检测结果不认可，可由省级计量中心对市（县）计量检测机构的检定过程和数据进行核验，确保结果公正、准确。核验无误后，市（县）供电企业客户服务中心计量部（检测班）应同客户签订《电能计量装置检定送检协议书》，委派专人与客户一同将电能表送本地区技术监督局的法定计量检定机构进行检定。

10. 计量装置应使用清晰完整的封印，发现残缺、磨损、防伪性能缺失的封印时应立即停止使用，并及时收回登记，予以封存或报废处理，更换封印应重新办理领用手续。拆回的已用封印以及不合格、淘汰或者其他原因导致不能使用的封印应予以报废。

11．真心实意为客户着想，尽量满足客户的合理要求，做到公平、公开、公正。当客户的要求与政策、法律、法规及本企业制度相悖时，应向客户说明，耐心解释，争取客户理解，不得与客户发生争吵。

12．工作期间做到注意力集中、精神饱满。使用规范化用语，提倡使用普通话。工作发生差错时，应及时更正并向客户道歉。

13．到客户现场服务前，有必要且有条件的，应与客户预约时间，讲明工作内容和工作地点，请客户予以配合。到客户现场工作时，如需借用客户物品，应征得客户同意，用完后先清洁再轻放回原处，并向客户致谢，工作结束后，应立即清理现场。同时应向客户交代有关注意事项，并主动征求客户意见。

14．对客户投诉，无论责任归于何方，都应积极、热情、认真进行处理，不卑不亢，不得在处理过程中发生内部推诿、搪塞或敷衍了事的情况。不得打击报复投诉举报人。

15．换装电能表时，应向客户说明情况，与客户核对户号、地址，请客户配合工作，如需断开客户入户开关，须提前和客户确认，请客户配合查看家中是否断电，避免断电造成客户家中电器损坏或信息数据丢失。

16．记录客户、物业公司或社区（村委会）人员联系方式。对于无法联系的低压居民用户，经物业公司或社区（村委会）同意协调确认后，可由物业公司或社区（村委会）人员确认工单表底示数，并在换表工作单上客户签字位置代签确认。给客户所留计量人员联系方式应确保通信畅通。

规 范 用 语

序号	服务场景	服 务 用 语
1	向客户自我介绍	您好！我是××供电公司的××，是来装表（换表、现场校验、处理计量故障等）的
2	与客户交谈工作	您好、请、谢谢、打扰了、劳驾、麻烦
3	客户询问	您好！我们正在进行××工作，请问您需要什么帮助？
4	工作出现差错	对不起，很抱歉，给您添麻烦了，我会尽快核实处理，给您带来的不便请谅解
5	客户提出意见	非常感谢您提出的宝贵意见，我们会及时反馈给公司，再次感谢您对我们工作的关心和支持
6	客户道谢	没关系，这是我们应该做的
7	客户不合理要求	对不起，请您不要着急，我能理解您的感受，但是您的要求不在我们服务范围内，请您理解
8	告别客户	打扰了，谢谢您的合作，非常感谢，再见
9	处理投诉	您好，我们接到一个工单，您对我们的工作提出了批评指正，您方便说一下详细情况吗

第二部分　电能计量串户管控"三防七要"

一、防户线串户

与开发商或施工单位签订进户线敷设核对承诺协议，要求核对所有进户线并记录，在每条进户线两侧标注"房号"。

二、防错拆错装

换表前，施工人员应核对电能表号、用户地址等现场信息与营销业务应用系统信息是否一致。

换表中，原则上应"拆一装一"，确需多表同时拆除时，必须在旧电能表出线端对应的导线上粘贴识别信息（户名、房号等），以便装表时逐一对应。

三、防档案串户

现场装拆与工作票发起人员要做好协同配合，确保客户档案与现场情况"一一对应"。

四、换表要告知

换表后，要逐户送达或张贴"换表告知书"，提醒客户核对自家的电能表号、表后开关、户名、进户线是否正确。

五、归档要提醒

新装或换表归档后，第一次发行电费时，发送短信告知客户核对自家的电能表号、表后开关、户名、进户线是否正确一致，如有问题及时联系供电公司。

六、突变要核查

对比日电量、月电量同比、环比变化情况，对于"突变"用户及时现场核查，防止施工导致串户。

七、验收要严格

装接施工中，现场应有责任单位人员参与现场监督检查，存在问题应及时通报、整改。

装接施工后，应严格依据标准进行验收，未通过验收的新装小区不予送电、改造工程不予支付施工费。

八、质保要签订

施工前，签订施工质量保证书，明确接线质量要求、验收标准、防串户工作措施、质量责任追究等要求。

九、责任要追究

施工单位对施工质量负责,验收人员对验收结果负责,凡发生错接线等服务差错的,从严追究。串户数量纳入施工单位不良记录,进入黑名单的施工单位一定期限内不得承接有关施工工程。

十、响应要及时

畅通反映渠道,在各个小区张贴供电便民服务卡,公布客户经理和公司服务监督电话,让客户在发现问题后能找到客户经理。

加快响应速度,发现串户苗头问题,切实解决客户诉求,将投诉消灭在萌芽状态。

第三部分　电能计量装置串户管控细则

为提升供电服务质量，提高业扩新装一户一表、表计表箱轮换改造工程质量，从新装源头上、在轮换改造中控制新增计量装置串户，特制定本管控措施。

一、计量装置串户分类

串户主要分为业扩新增串户和轮换改造串户，业扩新增串户又细分为电能表安装错误、客户户内线错误、档案信息录入错误和门牌号码编制错误；轮换改造串户是指在电能表轮换和计量箱改造过程中，将客户的表计或表后线接错导致的串户。

二、业扩新装防串户措施

1. 加强装表前的户线核对工作，防止户线串户。供电方要与开发商或施工单位签订进户线敷设核对承诺协议，明确双方责任，要求开发商或施工单位对每个用户的进户线均有核对记录，并应在每条进户线两侧标注"房号"。

2. 装表后应"入户核对"检查，防止户表串户。电能表安装后，要求开发商或物业公司提供入户条件，客户经理要应用一对一停电核对法进行电能表和户内线的核对检查，提高检查效率和质量。对个别无法入户检查的新装客户，要张贴"户表核对告知书"，告知用户在验房时认真核对自家的电能表号、表后开关、户名、进户线是否正确、对应。

3. 加强营销业务应用系统档案核查，防止档案串户。现场验收人员与后台工作票发起人员要做好协同配合，确保客户档案、装表工单、电能表资产编号与现场情况"一一对应"。

4. 在第一次发行电费时提供短信提醒服务。通过发送短信告知客户请核对自家的电能表号、表后开关、户名、进户线是否正确、对应，并告知常用的核对方法，如有不正确或疑似串户，及时联系供电公司、物业公司或开发商，以便及时上门处理。

三、轮换改造防串户措施

1. 换表前进行电能表与用户信息核对工作，防止错拆电能表。换表前施工人员应重点核对电能表号、用户地址、表箱地址等现场信息与营销业务应用系统信息是否一致。

2. 拆装电能表时应采取"拆一装一"工作方式，防止装表串户。原则上不允许将电能表全部拆除后再统一安装，以防范电能表信息记录错误导致计量串户现象发生。确需多表同时拆除时，必须在旧电能表拆除前，在旧电能表出线端对应的导线上粘贴识别信息（户名、房号等），以便装表时逐一对应。老表拆除时应核实用户家中用电情况，以便核实老表接线是否串户。

3. 换表后要逐户送达或张贴"换表告知书"，提醒客户检查是否串户。"换表告知书"应告知客户新、旧电能表底数，提醒其核对自家的电能表号、表后开关、户名、进户线是否正确，并请客户或物业公司、社区（村委会）人员签字确认。

提醒：计量装置更换前后要拍照存档。

4. 加强营销业务应用系统档案核查，防止档案串户。现场装表人员与后台工作票发起人员要做好协同配合，确保客户档案、装表工单、电能表资产编号与现场情况"一一对应"。

5. 在工作票归档后提供短信提醒服务。通过发送短信告知客户请核对自家的电能表号、表后开关、户名、更换时间、进户线是否正确、一致，并告知常用的核对方法，如有不正确或疑似串户，及时联系供电公司，以便及时上门处理。

6. 对换表后用户的用电情况进行 1 个月的监控。对比日用电量、月电量同比、环比变化情况，对于"突变"用户及时现场核查，防止现场施工导致串户。

四、加强施工队伍管理

1. 完善施工合同有关施工质量保证条款，对工器具配置、安全管理、接线质量检查等提出要求。

2. 加大对装接施工人员的培训力度，重点突出电能表串户防范措施等内容，对所有外包施工队伍的施工人员进行培训，提升施工工艺和质量水平。对考核不合格或多次违规作业者取消现场作业资格。

3. 实行施工质量责任倒查追究机制。所有施工单位对施工质量负责、验收人员对验收结果负责。凡发生错接线、计量串户等服务差错的，从严追究。

4. 建立施工单位信用记录。一户一表工程验收中发现串户，将作为施工单位不良记录，纳入供用电监管信息平台；对于发生串户未得到妥善解决，造成社会负面影响的，施工单位将被纳入黑名单，进入黑名单的施工单位一定期限内不得承接有关施工工程。

五、强化现场技术监督管理

1. 完善电能表装接现场技术监督机制，整合管控资源，加大现场管理力度。

2. 所有装接施工现场要有责任单位人员参与现场监督检查，重点检查安全、户表关系准确性等方面，检查结果应及时通报。

3. 工程竣工后要严格依据标准进行验收，一旦发现串户行为应责成施工单位进行全面整改，对于业扩新装小区，未通过验收不允许送电投运，对于轮换改造工程，未通过验收不予支付施工费。

六、做好计量服务，加强舆情应对

1. 加强市、县、乡（镇）供电所等各级计量工作人员计量服务意识。加快协调处理响应速度，提高舆情应对能力，发现串户问题及时纠正，做好对客户的解释工作，避免产生社会负面影响。

2. 畅通客户问题上报渠道。在各个小区张贴供电便民服务卡，公布客户经理和公司服务监督电话，让客户在发现问题后能直接联系客户经理，第一时间处理问题、满足客户诉求，将投诉消灭在萌芽状态。

七、业扩新装小区串户管控典型案例

1. 楼盘在建时。开发商在建楼时提前向供电部申请备案，供电部在接开发商报装前，审核施工队资质；在施工中按照表箱内表位，从上到下、从左到右编写编号，编号要与表位、出线开关和入户线一致，并逐一排查表位接线和表箱出线，逐门逐户核对。

2. 楼盘建好后。供电部组织相关部门，再次按表箱内表位，从上到下、从左到右核对编号，编号要与表位、出线开关和入户线一致，并逐一排查表位接线和表箱出线，逐门逐户核对。

3. 在业扩报装时。开发商、施工方与供电企业签订质量保证协议。

4. 表箱内所用导线应分色并编号。

附件：1　一户一表防串户验收流程

　　　　1-1　客户一户一表自验收情况说明（模板）

　　　　1-2　××小区一户一表验收记录（模板）

　　　　1-3　串户处理记录表（模板）

附件1　一户一表防串户验收流程

一、验收前准备工作

1．开发商、施工单位及装表公司人员已经组织自验并合格，并提供客户盖章的《客户一户一表自验收情况说明》，见附件1–1。

2．表箱外壳、电能表外壳及开关上粘贴"四对照"标示。标示上包含：户名、户号、门牌号、表计编号。

3．用户户门安装完成，正式门牌号安装完毕，且与营销业务应用系统中和派出所的备案保持一致。

4．提供完整的表计验收单。

二、现场验收规范

1．一户一表的防串户验收必须在表计安装结束、正式送电前完成。

2．验收人员组织开发商、施工单位共同到达现场进行户表验收工作。

3．验收人员组织开发商、施工单位共同核查验收记录表上的内容与现场客户电能表、开关、住户门上张贴的门牌号是否一致，如不一致，由开发商或施工单位核查记录表上的内容是否错误，进行修改后方可继续进行验收工作。

4．由施工单位负责接通临时电源，开发商打开所有住户房门。

5．验收人员组织开发商、施工单位共同检查每块电能表的主进开关、电能表接线、分户开关、户内总开关是否安装牢固，接线是否完好整齐。

6．合上表箱内电能表总开关，电能表带电后，一人在表箱处合上分户开关，一人在居民家中合上户内总开关后打开电灯，确认家中是否有电，检查电能表运行正常后，在验收记录表上填写该户验收结果。

7. 按照上述方法逐户核对，并填写验收记录表（附件 1-2），发现串户现象时，由施工单位进行整改（表后线原因，由承接配电工程的施工单位承担并整改；表计原因，由装表单位承担并整改），并填写串户处理记录表（附件 1-3）。整改完成后，择日再报验收。

三、验收结论汇总

验收完毕后，由供电部客户经理、开发商、施工单位共同在验收记录上签字确认。

附件1–1 客户一户一表自验收
情况说明（模板）

国网 ×× 供电公司：

我公司承建（报装户名）_____，项目名称为：_____，
地址为：_____，户数：_____户，因供电公司已于_____年
_____月_____日进行验收，已验收完毕，无串户情况，我公司承诺
在交房时与业主再次核实户表信息无误后，才会履行交房手续。若日
后出现串户情况，与供电公司无关，由_____公司承担
相应责任。

×× 公司（盖章）

×× 年 ×× 月 ×× 日

附件 1-2 ××小区一户一表
验收记录（模板）

序号	户号	户名	表计编号	表计示数	楼号	单元号	门牌号	验收结果	备注

参与验收单位		验收人签名	日期
组织验收单位			
装表单位			
开 发 商			
施工单位			

附件 1-3 串户处理记录表（模板）

填报单位：	时间：
串户情况说明：	
原因分析：	
责任认定：	
营销部审核意见：	

第四部分　电能计量户表轮换改造规范流程

1．张贴换表通知

各供电部（县级供电公司）制定换表计划，根据换表计划提前 7 天张贴换表通知（模板见附件 2），同时拍照留存证据。

2．底度确认

换表现场由用户对换表底度进行确认并签字，若用户不在场，则由各供电部（县级供电公司）对老表、新表底度拍照留存证据。

3．张贴换表底度公告

换表结束后由各供电部（县级供电公司）张贴老表和新表底度公告（模板见附件 3），告知客户换表底度示数，并对底度公告拍照留存证据，客户如有疑问可咨询。

附件：1　换表宣传横幅（模板）
　　　2　电能表轮换改造通知书（模板）
　　　3　电能表轮换改造告知单（模板）

附件1 换表宣传横幅(模板)

××年××月××日对本小区××楼更换电能表,请您家中留人,谢谢您的理解与配合。

附件 2　电能表轮换改造通知书（模板）

尊敬的用电客户：

我公司计划于＿＿＿年＿＿＿月＿＿＿日＿＿＿时至＿＿＿时，对＿＿＿＿＿＿＿＿进行电能表更换，届时请您家中务必留人配合换表工作。

进行换表工作时，请您提供用电户号或缴费凭据，并将家用电器停用，同时与工作人员一起核对旧表底数，经确认无误后在工作凭证上签字确认。

如果您白天家中无法留人，我们可按照实际情况适当安排当日夜间（19 时—21 时 30 分）换表。如果您在全部换表时间内确实无法家中留人，我们将与物业公司、居委会、街道办或村委会确认，由他们核对旧表底数，经确认无误后在工作凭证上签字确认。

如对您工作生活带来影响我们深表歉意。感谢您对我们工作的支持和配合！

联系电话：

国网××供电公司

××年××月××日

21

附件 3 电能表轮换改造告知单（模板）

尊敬的电力客户：

　　因您的电能表已到轮换周期，为了更好地为您服务，现需更换电能表，更换前电能表的表号为＿＿＿＿＿＿＿＿＿，截至度示为＿＿＿＿＿＿；更换后新表计表号为＿＿＿＿＿＿＿＿，起始度示为＿＿＿＿＿＿；请您核对电能表表号、表开关、户号、进户线是否正确，如有疑问请及时与工作人员联系，谢谢合作。

　　联 系 人：

　　咨询热线：

国网×× 供电公司

×× 年×× 月×× 日

第五部分　电能计量验表超时管控措施

一、明确职责

1. 业务受理：供电部（县级供电公司）、供电所营业厅。
2. 现场装拆：按照高、低压计量装置管辖范围由市、县计量中心或供电所装拆。
3. 室内检定：市、县计量中心。
4. 答复客户：供电部（县级供电公司）、供电所营业厅。

二、严格时限

1. 业务受理：1个工作日。
2. 现场装拆：1个工作日。
3. 室内检定：2个工作日。
4. 答复客户：1个工作日。

各环节时间以营销系统为准，谁超时谁负责，若出现多个环节超时限情况，则以首个超时环节确定工单处理单位。

第六部分 电能计量反窃电现场工作规范

1.通过各营销业务应用系统，归集被检查对象信息，根据客户性质、现场环境、历史用电信息等，制定检查方案。检查前做好保密措施和组织措施，填写《用电检查工作单》，履行审批程序，必要时联合当地电力管理部门、公安部门等共同检查。

2.反窃电现场检查时，检查人数不得少于两人。

3.现场检查前，应严格按照现场作业安全规范要求，做好必要的人身防护和安全措施，携带摄影摄像仪器或现场记录仪、万用表、钳形电流表、证物袋等工具设备。

4.现场检查时应主动出示证件，并应由客户随同配合检查。对于客户不愿配合检查的，应邀请公证机构、物业公司或无利益关系第三方等，见证现场检查。

5.现场检查的取证应程序合法，证据链完整，实证清晰准确。可采取拍照、摄像、封存等手段，提取能够证明窃电行为存在及持续时间的物证、书证、影像资料等证据材料。

6.确有窃电的，应现场终止客户的窃电行为，并立即开具《用电检查结果通知书》一式两份，一份送达客户并由客户本人、法定代表人或授权代理人签字确认，另一份存档备查。

7.各单位对查获的窃电行为，应予制止并可当场中止供电。中止供电应符合下列要求：

（1）应事先通知客户，不影响社会公共利益或者社会公共安全，不影响其他客户正常用电。

（2）对于高危及重要电力客户、重点工程的中止供电，应报本单位负责人及当地电力管理部门批准。

8.对于客户不配合签字、阻挠检查或威胁检查人员人身安全的，须现场提请电力管理部门、公安部门等依法查处，并配合做好取证工作。

9.完成现场检查后，应及时在营销业务应用系统发起窃电处理流程，并录入相关资料、证据等。

附件：反窃查违相关工作表单

附件1 国网××供电公司用电检查工作单

附件2 国网××供电公司非窃电、违约用电内部流转工作单

附件3 国网××供电公司窃电、违约用电通知书

附件4 国网××供电公司计量装置故障、异常处理工作单

附件5 国网××供电公司窃电、违约用电处理工作单

附件6 国网××供电公司计量装置故障、异常电费交纳通知单

附件7 国网××供电公司追补电费、违约使用电费交纳通知单

附件8 国网××供电公司窃电、违约用电停电通知书

附件9 国网××供电公司移送窃电涉嫌犯罪案件函

附件1　国网××供电公司用电检查工作单

编号：

客户编号			客户名称		
用电地址					
电气负责人			联系电话		
检查人员			计划检查时间		
审批人员			检查日期		
电能计量装置检查情况					
电能表资产编号	TA变比	TV变比	表计示数	计量方式	铅封	检查结果

检 查 内 容

1. 用户执行国家有关电力供应与使用的法规、方针、政策、标准、规章制度情况

2. 用户受（送）电装置工程施工质量检验

3. 用户受（送）电装置中电气设备运行安全状况

4. 用户保安电源和非电性质的保安措施

5. 用户反事故措施

6. 用户进网作业电工的资格、进网作业安全状况及作业安全保障措施

7. 用户执行计划用电、节约用电情况

8. 用电计量装置、电力负荷控制装置、继电保护和自动装置、调度通信等安全运行状况

9. 供用电合同及有关协议履行的情况

10. 受电端电能质量状况

11. 违章用电和窃电行为

12. 并网电源、自备电源并网安全状况

现场检查情况说明：

客户(签字)		检查人（签字）	
签字日期		检查日期	

附件 2　国网××供电公司非窃电、 违约用电内部流转工作单

编号：

客户编号		客户名称	
用电地址		资产编号	
发起人		接收人	
用电检查现场情况描述	现场检查： 检查人员：＿＿＿＿＿＿＿＿＿＿＿		日期：＿＿年＿＿月＿＿日
处理意见	处理结果： 处理人员：＿＿＿＿＿＿＿＿＿＿＿		日期：＿＿年＿＿月＿＿日

注： 本流转工作单一式两份，检查专业、处理专业各执一份。

附件3　国网××供电公司窃电、违约用电通知书

编号：

客户＿＿＿＿＿＿＿＿＿：

　　根据《用电检查工作单》(编号：＿＿＿＿＿＿＿＿＿)，确认你单位(或个人)违反《中华人民共和国电力法》及《河南省供用电条例》有关规定，存在下列＿＿条((√)标注)窃电/违约用电行为：

□窃电行为：

　　□1. 在供电企业的供电设施上擅自接线用电；

　　□2. 绕越用电计量装置用电；

　　□3. 伪造、开启法定的或者经授权的计量检定机构加封的用电计量装置封印用电；

　　□4. 故意损坏用电计量装置用电；

　　□5. 改变用电计量装置计量准确性，或者私自调整分时计费表时段或者时钟，使其少计量或者不计量；

　　□6. 使用非法用电充值卡等窃电装置用电；

　　□7. 私自变更变压器铭牌参数或者容量用电；

　　□8. 采取其他方式窃电。

□违约用电行为：

　　□1. 擅自改变用电类别；

　　□2. 擅自超过合同约定的容量用电；

　　□3. 擅自超过计划分配的用电指标；

　　□4. 擅自使用已经在供电企业办理暂停使用手续的电力设备，或者擅自启用已经被供电企业查封的电力设备；

　　□5. 擅自迁移、更动或者擅自操作供电企业的用电计量装置、电力负荷控制装置、供电设施以及约定由供电企业调度的用户受电设备；

　　□6. 未经供电企业许可，擅自引入、供出电源或者将自备电源擅自并网。

用电行为描述：

请你单位(或个人)接到本通知书之日起3日内，携带本《窃电、违约用电通知书》到＿＿＿＿＿＿＿＿＿(联系电话：＿＿＿＿＿＿＿＿＿)办理有关手续，逾期不到而引起的一切后果由贵方负责。

客户签收：＿＿＿＿＿＿＿＿＿　　　检查人员：＿＿＿＿＿＿＿＿＿

签收日期：＿＿＿年＿＿＿月＿＿＿日　　通知日期：＿＿＿年＿＿＿月＿＿＿日

供电公司(签章)：

注： 本通知书一式三份，检查专业、处理专业、客户各执一份。以下《中华人民共和国电力法》《河南省供用电条例》部分条款须打印在本通知书背面。

中华人民共和国电力法

第三十二条　用户用电不得危害供电、用电安全和扰乱供电、用电秩序。对危害供电、用电安全和扰乱供电、用电秩序的，供电企业有权制止。

第七十一条　盗窃电能的，由电力管理部门责令停止违法行为，追缴电费并处应交电费五倍以下的罚款；构成犯罪的，依照刑法有关规定追究刑事责任。

河 南 省 供 用 电 条 例

第四十八条　任何单位或者个人不得以任何方式窃电。下列情形为窃电行为：

（一）在供电企业的供电设施上擅自接线用电；

（二）绕越用电计量装置用电；

（三）伪造、开启法定的或者经授权的计量检定机构加封的用电计量装置封印用电；

（四）故意损坏用电计量装置用电；

（五）改变用电计量装置计量准确性，或者私自调整分时计费表时段或者时钟，使其少计量或者不计量；

（六）使用非法用电充值卡等窃电装置用电；

（七）私自变更变压器铭牌参数或者容量用电；

（八）采取其他方式窃电。

窃电量的计算，依照国家有关规定执行。

第五十条　供电企业发现窃电行为的，有权予以制止，可以中断供电；对情节严重的，应当向公安机关报案。供电企业应当收集、保存下列资料、材料：（一）现场照片、录音、录像等影音资料；（二）封存的窃电装置；（三）委托有资质的机构制作的鉴定结论；（四）供电企业的负荷监控、用电信息采集终端等监测装置记录；（五）现场记录。

　　第六十一条　违反本条例第四十八第二款第（一）至第（八）项规定的，应当补交电费，承担违约责任，造成损失的，依法承担赔偿责任；电力行政管理部门责令其停止违法行为，可并处应缴电费一倍以上五倍以下罚款；违反治安管理规定的，由公安机关依法给予处罚；构成犯罪的，依法追究刑事责任。

附件4 国网××供电公司计量装置故障、异常处理工作单

编号：

客户编号		客户名称	
用电地址		资产编号	
计量装置故障、异常处理情况描述			
处理意见	根据《供电营业规则》第八十一条规定，用户应交纳费用如下： 补交电费计算： 处理人员（签字）：_____ 日期：__年__月__日		
审核意见	 负责人（签字）：_____ 日期：__年__月__日		
审批意见	 负责人（签字）：_____ 日期：__年__月__日		

注： 本处理工作单一式两份，处理专业、收费专业各执一份。补交电费计算可另附页。

附件 5　国网 ×× 供电公司窃电、
违约用电处理工作单

编号：

客户编号		客户名称	
用电地址		资产编号	
窃电、违约用电情况描述			
处理意见	窃电： 根据《供电营业规则》第一百零二条、一百零三条、一百零四条规定，用户应交纳费用如下： 1. 补交电费计算： 2. 违约使用电费计算： 3. 合计：＿＿＿＿＿＿＿。 违约用电： 根据《供电营业规则》第一百条、一百零四条规定，用户应交纳费用如下： 1. 补交电费计算： 2. 违约使用电费计算： 3. 合计：＿＿＿＿＿＿＿。 处理人员（签字）：＿＿＿＿＿＿＿　日期：＿＿年＿＿月＿＿日		
审核意见	负责人（签字）：＿＿＿＿＿＿＿＿＿＿　日期：＿＿年＿＿月＿＿日		
审批意见	负责人（签字）：＿＿＿＿＿＿＿＿＿＿　日期：＿＿年＿＿月＿＿日		

注：本处理工作单一式两份，处理专业、收费专业各执一份。补交电费、违约使用电费计算可另附页。《供电营业规则》部分条款须打印在本窃电、违约用电处理工作单背面。

供 电 营 业 规 则

第一百条 危害供用电安全、扰乱正常供用电秩序行为，属于违约用电行为。供电企业对查获的违约用电行为应及时予以制止。有下列违约用电行为者，应承担其相应的违约责任：

1. 在电价低的供电线路上，擅自接用电价高的用电设备或私自改变用电类别的，应按实际使用日期补交其差额电费，并承担二倍差额电费的违约使用电费。使用起讫日期难以确定的，实际使用时间按三个月计算。

2. 私自超过合同约定的容量用电的，除应拆除私增容设备外，属于两部制电价的用户，应补交私增设备容量使用月数的基本电费，并承担三倍私增容量基本电费的违约使用电费；其他用户应承担私增容量每千瓦（千伏安）50元的违约使用电费。如用户要求继续使用者，按新装增容办理手续。

3. 擅自超过计划分配的用电指标的，应承担高峰超用电力每次每千瓦1元和超用电量与现行电价电费五倍的违约使用电费。

4. 擅自使用已在供电企业办理暂停手续的电力设备或启用供电企业封存的电力设备的，应停用违约使用的设备。属于两部制电价的用户，应补交擅自使用或启用封存设备容量和使用月数的基本电费，并承担二倍补交基本电费的违约使用电费；其他用户应承担擅自使用或启用封存设备容量每次每千瓦（千伏安）30元的违约使用电费。启用属于私增容被封存的设备的，违约使用者还应承担本条第2项规定的违约责任。

5. 私自迁移、更动和擅自操作供电企业的用电计量装置、电力负荷管理装置、供电设施以及约定由供电企业调度的用户受电设备者，属于居民用户的，应承担每次500元的违约使用电费；属于其他用户的，应承担每次5000元的违约使用电费。

6. 未经供电企业同意，擅自引入（供出）电源或将备用电源和其他电源私自并网的，除当即拆除接线外，应承担其引入（供出）或并网电源容量每千瓦（千伏安）500 元的违约使用电费。

第一百零二条　供电企业对查获的窃电者，应予制止，并可当场中止供电。窃电者应按所窃电量补交电费，并承担补交电费三倍的违约使用电费。拒绝承担窃电责任的，供电企业应报请电力管理部门依法处理。窃电数额较大或情节严重的，供电企业应提请司法机关依法追究刑事责任。

第一百零三条　窃电量按下列方法确定：

1. 在供电企业的供电设施上，擅自接线用电的，所窃电量按私接设备额定容量（千伏安视同千瓦）乘以实际使用时间计算确定。

2. 以其他行为窃电的，所窃电量按计费电能表标定电流值（对装有限流器的，按限流器整定电流值）所指的容量（千伏安视同千瓦）乘以实际窃用的时间计算确定。窃电时间无法查明时，窃电日数至少以一百八十天计算，每日窃电时间：电力用户按 12 小时计算；照明用户按 6 小时计算。

第一百零四条　因违约用电或窃电造成供电企业的供电设施损坏的，责任者必须承担供电设施的修复费用或进行赔偿。

因违约用电或窃电导致他人财产、人身安全受到侵害的，受害人有权要求违约用电或窃电者停止侵害，赔偿损失。供电企业应予协助。

附件 6 国网 ×× 供电公司计量装置故障、异常电费交纳通知单

（处理人员留存、归档）

编号：

客户 _____：

　　根据《用电检查工作单》（编号：_____），确认你户存在计量装置故障、异常用电行为，请你方在____年____月____日前，到_____（联系电话：_____）交纳补交电费____元，总计_____元（大写）。受理时间为每周____至周____上午____点到下午____点。逾期不到而引起的一切后果由贵方负责。

客户签收：_____　　　检查部门章：

签收日期：____年____月____日　通知日期：____年____月____日

国网××供电公司计量装置故障、
异常电费交纳通知单

（营业厅收款留存）

编号：

客户＿＿＿＿＿＿＿＿：

　　根据《用电检查工作单》（编号：＿＿＿＿＿＿＿＿＿），确认你户存在计量装置故障、异常用电行为，请你方在＿＿＿年＿＿＿月＿＿＿日前，到＿＿＿＿＿＿＿＿＿（联系电话：＿＿＿＿＿＿＿＿＿）交纳补交电费＿＿＿元，总计＿＿＿＿＿＿＿＿＿元（大写）。受理时间为每周＿＿＿至周＿＿＿上午＿＿＿点到下午＿＿＿点。逾期不到而引起的一切后果由贵方负责。

客户签收：＿＿＿＿＿＿＿＿＿＿＿＿　　检查部门章：

签收日期：＿＿＿年＿＿＿月＿＿＿日　通知日期：＿＿＿年＿＿＿月＿＿＿日

附件7　国网××供电公司追补电费、违约使用电费交纳通知单

（处理人员留存、归档）

编号：

客户_____：

　　根据《窃电、违约用电通知书》（编号：_____），确认你户存在窃电或者违约用电行为，请你方在____年____月____日前，到_____（联系电话：_____）交纳追补电费____元、违约使用电费____元，总计_____元（大写）。受理时间为每周____至周____上午____点到下午____点。逾期将加收追补电费滞纳金，采取停电措施，并将可能列入失信客户名单，提交金融机构、政府征信系统作为信用评价依据，引起的一切后果由贵方负责。

客户签收：_____　　检查部门章：

签收日期：____年____月____日　　通知日期：____年____月____日

国网 ×× 供电公司追补电费、
违约使用电费交纳通知单

（营业厅收款留存）

编号：

客户＿＿＿＿＿＿＿：

　　根据《窃电、违约用电通知书》（编号：＿＿＿＿＿＿＿＿），确认你户存在窃电或者违约用电行为，请你方在＿＿年＿＿月＿＿日前，到＿＿＿＿＿＿＿（联系电话：＿＿＿＿＿＿＿）交纳追补电费＿＿＿元、违约使用电费＿＿＿＿＿元，总计＿＿＿＿＿元（大写）。受理时间为每周＿＿至周＿＿上午＿＿点到下午＿＿点。逾期将加收追补电费滞纳金，采取停电措施，并将可能列入失信客户名单，提交金融机构、政府征信系统作为信用评价依据，引起的一切后果由贵方负责。

客户签收：＿＿＿＿＿＿＿＿＿　检查部门章：

签收日期：＿＿年＿＿月＿＿日　通知日期：＿＿年＿＿月＿＿日

　注：《供电营业规则》部分条款打印在本交纳通知单背面。

供 电 营 业 规 则

第一百条 危害供用电安全、扰乱正常用电秩序行为，属于违约用电行为。供电企业对查获的违约用电行为应及时予以制止。有下列违约用电行为者，应承担其相应的违约责任：

1. 在电价低的供电线路上，擅自接用电价高的用电设备或私自改变用电类别的，应按实际使用日期补交其差额电费，并承担二倍差额电费的违约使用电费。使用起讫日期难以确定的，实际使用时间按三个月计算。

2. 私自超过合同约定的容量用电的，除应拆除私增容设备外，属于两部制电价的用户，应补交私增设备容量使用月数的基本电费，并承担三倍私增容量基本电费的违约使用电费；其他用户应承担私增容量每千瓦（千伏安）50元的违约使用电费。如用户要求继续使用者，按新装增容办理手续。

3. 擅自超过计划分配的用电指标的，应承担高峰超用电力每次每千瓦1元和超用电量与现行电价电费五倍的违约使用电费。

4. 擅自使用已在供电企业办理暂停手续的电力设备或启用供电企业封存的电力设备的，应停用违约使用的设备。属于两部制电价的用户，应补交擅自使用或启用封存设备容量和使用月数的基本电费，并承担二倍补交基本电费的违约使用电费；其他用户应承担擅自使用或启用封存设备容量每次每千瓦（千伏安）30元的违约使用电费。启用属于私增容被封存的设备的，违约使用者还应承担本条第2项规定的违约责任。

5. 私自迁移、更动和擅自操作供电企业的用电计量装置、电力负荷管理装置、供电设施以及约定由供电企业调度的用户受电设备者，属于居民用户的，应承担每次500元的违约使用电费；属于其他用户的，应承担每次5000元的违约使用电费。

6. 未经供电企业同意，擅自引入（供出）电源或将备用电源和其他电源私自并网的，除当即拆除接线外，应承担其引入（供出）或并网电源容量每千瓦（千伏安）500 元的违约使用电费。

第一百零二条　供电企业对查获的窃电者，应予制止，并可当场中止供电。窃电者应按所窃电量补交电费，并承担补交电费三倍的违约使用电费。拒绝承担窃电责任的，供电企业应报请电力管理部门依法处理。窃电数额较大或情节严重的，供电企业应提请司法机关依法追究刑事责任。

第一百零三条　窃电量按下列方法确定：

1. 在供电企业的供电设施上，擅自接线用电的，所窃电量按私接设备额定容量（千伏安视同千瓦）乘以实际使用时间计算确定。

2. 以其他行为窃电的，所窃电量按计费电能表标定电流值（对装有限流器的，按限流器整定电流值）所指的容量（千伏安视同千瓦）乘以实际窃用的时间计算确定。窃电时间无法查明时，窃电日数至少以一百八十天计算，每日窃电时间：电力用户按 12 小时计算；照明用户按 6 小时计算。

第一百零四条　因违约用电或窃电造成供电企业的供电设施损坏的，责任者必须承担供电设施的修复费用或进行赔偿。

因违约用电或窃电导致他人财产、人身安全受到侵害的，受害人有权要求违约用电或窃电者停止侵害，赔偿损失。供电企业应予协助。

附件8 国网 ×× 供电公司窃电、违约用电停电通知书

（处理人员留存、归档）

编号：

客户＿＿＿＿＿＿：

　　我单位于＿＿年＿＿月＿＿日，＿＿＿＿＿＿＿＿＿＿＿＿

＿＿＿＿＿＿＿＿＿＿＿＿＿＿＿＿＿＿＿（详见窃电、违约用电通

知单），按照《供电营业规则》第六十六条、第六十七条规定，现向

你户依法传达停电通知书，我单位将在＿＿年＿＿月＿＿日＿＿时，

对你户中止供电，望你户提前做好停电准备工作，依法停电造成的任

何不良后果，由你方全部负责。

申请人：＿＿＿＿＿

客户签收：＿＿＿＿＿＿＿＿＿＿　　　　批准人：＿＿＿＿＿

供电公司（盖章）

日期：＿＿年＿＿月＿＿日

国网 ×× 供电公司窃电、
违约用电停电通知书

（客户留存）

编号：

客户＿＿＿＿＿＿＿＿＿：

　　我单位于＿＿年＿＿月＿＿日，＿＿＿＿＿＿＿＿＿＿＿＿＿＿＿

＿＿＿＿＿＿＿＿＿＿＿＿＿＿＿＿＿＿＿＿＿＿＿＿（详见

窃电、违约用电通知单），按照《供电营业规则》第六十六条、第

六十七条规定，现向你户依法传达停电通知书，我单位将在＿＿年

＿＿月＿＿日＿＿时，对你户中止供电，望你户提前做好停电准备工

作，依法停电造成的任何不良后果，由你方全部负责。

　　　　　　　　　　　　　　　　　　申请人：＿＿＿＿＿＿

客户签收：＿＿＿＿＿＿＿＿＿＿　　　批准人：＿＿＿＿＿＿

供电公司（盖章）

　　　　　　　　　　　　　　　　　　日期：＿＿年＿＿月＿＿日

附件9 国网××供电公司
移送窃电涉嫌犯罪案件函

客户编号			客户名称	
用电地址				
案件描述				
移送意见	案件移送单位（印章）		日期：___年___月___日	
移送单位案件承办人			联系电话	
案件相关资料	材料名称	数量		页码
	报案材料			
	损失证明材料			
	取证材料			
	其他材料			

受移送单位签收：_____

受移送单位（签章）：

联系方式：_____

___年___月___日

注：本函一式两份，一份递交受移送单位，一份在移送单位留存。

第七部分　电能计量常见问题解答

一、什么是智能电能表？

答：智能电能表是具有电能量计量、数据处理、实时监测、信息采集功能的新型电能表。

智能电能表还支持双向计量、分时电价、峰谷电价等实际需要，也是实现分布式电源计量、双向互动服务、智能家居、智能小区的技术基础。

二、为何要更换智能电能表？

答：国家能源战略的需要，智能电网建设是国家"十二五"规划的重要组成部分，推行智能电网建设，有利于改善生态和生活环境，有助于节能减碳，增强社会节电意识，是国家节能工作的需要。

（1）智能电能表是智能电网建设的重要组成部分，将实现智能用电双向交互，构建便捷的智能家居生活。

（2）科技发展的需要，将实现自动远程抄表、信息传送功能，大大提高抄表精确性，避免人工抄表不及时带来的电量波动问题；具有信息远程传送等功能，能够实现远程停送电功能。

（3）客户明白消费的需要，计量准确度高，公平、公正；具有一定时期的电量记忆功能，实时显示用电量，方便客户查询每日、月电量。

（4）电价政策执行的需要，智能电能表可支持分时电价、阶梯电价的需要。

三、智能电能表装出前有没有可能被供电企业蓄意"加速"？

答：2014年央视就已经在新闻报道中揭露："电能表加速"的说法毫无根据，是彻头彻尾的谣言。

依据《中华人民共和国计量法》，国家对电能表生产厂家进行"全流程"监督和强制检定：国家对生产厂家实行严格的许可制，并制定了一系列电能表技术标准。政府质监部门对电能表检测工作直接进行监管，不合格的电能表都会被退回厂家，甚至取消厂家供货资格或者生产资格。电能表厂家对其生产且检测合格的每只表都加有"出厂铅封"。

电能表采购后供电公司负责对每只电能表进行质量检测，不能打开"出厂铅封"，只能接通程序检测误差，整个过程严格执行"只检测、不调表"。合格后的电能表会被挂上"检定铅封"，还要经政府质检部门抽检，各环节检测合格后才许可安装。供电公司检测电能表过程中，如果要调整电能表势必会破坏厂家的"出厂铅封"，因此电网企业和厂家之间是有技术手段相互约束的。如果电能表的内置程序被人为篡改，铅封必然会遭到破坏，一切犯罪行为都会有迹可循，而且供电企业校验电能表的装置是要经过质量技术监督局的检测和授权才能使用，有了质量技术监督颁发的授权证书，才是法定计量检定机构，才有资格进行电能表校验，所以电能表被蓄意加速是不可能的。

四、智能电能表型号定义？

答：例如 DTZY341C–Z、DSZY331C–G、DDZY102–J。

第一位字母（类别号）：D——电能表。

第二位字母（第一组别号）：T——三相四线；S——三相三线；

D——单相。

第三位字母（第二组别号）：Z——智能。

第四位字母（功能代号）：Y——费控。

第五位数字（注册号）：例如 341、331、102。

数字后字母：C——CPU 卡；S——射频卡（本地费控方式）。

连接符号"–"后字母：Z——载波；G——GPRS；C——CDMA；J——微功率无线（通信方式）。

五、智能电能表上一闪一闪的小红灯是什么？

答：智能电能表上一闪一闪的小红灯叫脉冲灯，类似于老式机械表的转盘。智能电能表脉冲灯闪烁表示该电能表客户在用电，脉冲灯闪烁频率随用电负荷大小变化，用电负荷越大闪烁越快。不闪或常亮都表示没用电。例如，面板上标注的"1200imp/kWh"，表示脉冲灯闪烁 1200 次，消耗 1 度（1kWh）电能。

六、智能电能表上的 5（60）A 是什么意思？

答：5A 是指基本电流值，这个值是用来确定电能表启动计量的最小电流值。以准确度等级为 2 的居民单相电能表为例，它的启动计量值为基本电流的 0.005 倍，当基本电流为 5A 的时候，电流启动计量值就是 5A×0.005=25mA；也就是说，相同准确度的电能表，括号外面的基本电流值越小，电能表灵敏度越高，并非它的负载能力变小了。

括号里面的 60A 是最大电流值，是电能表能够满足准确计量要求的最大电流值。接入电能表的电流超过此值，会造成电能表损坏，甚至会造成电能表烧毁及安全事故。

七、电能计量装置分类？

答：运行中的电能计量装置按计量对象重要程度和管理需要分为五类（Ⅰ、Ⅱ、Ⅲ、Ⅳ、Ⅴ）。分类细则及要求如下：

（1）Ⅰ类电能计量装置。220kV 及以上贸易结算用电能计量装置，500kV 及以上考核用电能计量装置，计量单机容量 300MW 及以上发电机发电量的电能计量装置。

（2）Ⅱ类电能计量装置。110（66）kV 及以上～220kV 贸易结算用电能计量装置，220kV 及以上～500kV 考核用电能计量装置，计量单机容量 100MW 及以上～300MW 发电机发电量的电能计量装置。

（3）Ⅲ类电能计量装置。10kV 及以上～110（66）kV 贸易结算用电能计量装置，10kV 及以上～220kV 考核用电能计量装置，计量 100MW 以下发电机发电量、发电企业厂（站）用电量的电能计量装置。

（4）Ⅳ类电能计量装置。380V 及以上～10kV 电能计量装置。

（5）Ⅴ类电能计量装置。220V 单相电能计量装置。

八、智能电能表产权归谁所有？

答：供电部门与客户之间的产权问题在《供用电合同》中有明确

约定。供电部门与客户结算用电能表产权属于供电企业。

九、智能电能表所耗电量是否由客户承担?

答:智能电能表的设计是将本身损耗计入了公共电网的传输损失中,即"线损",意思就是智能电能表也耗电(液晶屏背景灯和指示灯等),这部分产生的电费不是由客户来承担,而是由供电企业来承担。

十、居民用户单相电能表的允许误差值是多少?

答:电能表所计的电量值允许有一个误差范围,其误差范围由电能表准确度等级确定。国家标准规定:准确度等级为 2 级的单相电能表的误差范围为 ±2 %。

十一、智能电能表使用过程中发生故障需要维修、更换,相关费用由谁承担?

答:根据《供电营业规则》第七十七条的规定,计费电能表装设后,客户应妥为保护,不应在表前堆放影响抄表或计量准确及安全的物品。如发生计费电能表丢失、损坏或烧坏等情况,客户应及时告知供电企业,以便供电企业采取措施。如因供电企业责任或不可抗拒力致使计费电能表出现或发生故障的,供电企业负责换表,不收费用;其他原因引起的,客户应负担赔偿或修理费。

十二、智能电能表常用显示数据内容是什么?

答:常显示的内容有:当前日期、实时时间、电能表资产编号、电能示值、电压、电流等。

十三、智能电能表铭牌上的报警灯亮时表示什么？

答：正常情况下报警灯无提示。报警灯亮表示：电压异常、电流异常、相序异常等。

十四、智能电能表液晶屏上的 Ua、Ub、Uc 闪烁时表示什么？

答：正常情况下 Ua、Ub、Uc 常显示。Ua 闪烁表示 a 相失压、Ub 闪烁表示 b 相失压、Uc 闪烁表示 c 相失压。

十五、智能电能表液晶屏上的 Ia、Ib、Ic 不显示表示什么？

答：正常情况下 Ia、Ib、Ic 常显示。Ia 不显示表示 a 相失流、Ib 不显示表示 b 相失流、Ic 不显示表示 c 相失流。

十六、智能电能表装出前都包含哪些检测环节？

答：智能电能表装出前需要有以下检测环节：

（1）电能表在供货前进行全性能检测，检测合格后批量供货。

（2）电能表到货后按照《电能表抽样技术规范》进行抽样验收。

（3）抽样合格后按照《电能表检定规程》对全部到货电能表进行全检验收。

十七、为什么客户认为家中没用电但是电能表还在走字?

答:造成这种情况的原因可能有以下几种:

(1)家用电器虽然没有正常工作,但在没有拔掉电源插头的情况下,家电仍处于待机工作状态,消耗少量电能。

(2)室内导线老化,泄漏电流大,会消耗电能。

十八、怀疑电能表"有问题"时如何进行自我初步判断?

答:我们对自家的电能表有疑问,往往是因为感觉电能表走字"不准",这时,可以先切断全部表后开关(表箱中用户侧开关、入户总开关等)看一下,如果家里完全没有用电的时候,电能表还在走字,那就需要联系供电公司专业技术人员来帮忙检查了。

十九、如何申请校验电能表?

答:如果用户对智能电能表的准确性产生疑问,可以通过登录"网上国网"App、登录95598服务网站、到营业厅登记等方式申请电能表校验,受理客户计费电能表校验申请后5个工作日内出具检测结果,如果电能表有问题,供电公司会根据检测结果进行有关电费退补并免费换装新表;如客户对检定结果仍有异议,可向当地政府计量行政部门申请仲裁检定。

二十、智能电能表使用过程中发生异常如何处理?

答:智能电能表必须由专业人员进行安装和检修,请勿自行开启表盖,中断供电后,电能表及电路组件仍在带电工作,切勿擅自处理,请联系供电服务人员。

二十一、拆下的旧电能表如何处理?

答：智能电能表投资主体是供电公司，根据计量资产全寿命周期管理要求，拆下的旧电能表由供电企业统一收回，避免报废表计重新流入市场，扰乱电能计量管理。

二十二、供电公司的封印为什么不能去掉？

答：伪造、破坏或者开启电能计量装置封印属于窃电行为，电能计量装置的封印不能随便打开。拆回、不合格、淘汰或者其他原因导致不能使用的封印应统一回收至计量库房进行处理。

二十三、电能表、互感器误差超差时如何退补相应电量?

答：根据《供电营业规则》(第八十条)，由于计费计量的互感器、电能表的误差及其连接线的电压降超出允许范围或其他非人为原因致使计量记录不准时，供电企业应按下列规定退补相应电量的电费：

（1）互感器或电能表误差超出允许范围时，以"0"误差为基准，按验证后的误差值退补电量。退补时间从上次校验或换装后投入之日起至误差更正之日止的二分之一时间计算。

（2）连接线的电压降超出允许范围时，以允许电压降为基准，按验证后实际值与允许值之差补收电量。补收时间从连接线投入或负荷增加之日起至电压降更正之日止。

（3）其他非人为原因致使计量记录不准时，以用户正常月份的用电量为基准，退补电量，退补时间按抄表记录确定。

退补期间，用户先按抄见电量如期交纳电费，误差确定后，再行退补。

二十四、智能电能表跳闸灯亮了怎么办？

答：智能电能表的跳闸指示灯为黄色，如果出现跳闸指示灯常亮，可能有以下几点原因：

（1）应查看电费剩余金额是否为零或已欠费，从而造成费控系统远程跳闸。解决办法：用户交费后，费控系统自动合闸。若45min以后复电不成功，需要联系客户经理现场复电。

（2）若用户电费剩余金额大于零，但是跳闸指示灯依然常亮，需要联系客户经理现场落实处理。

二十五、智能电能表黑屏、花屏、白屏等影响计量吗？

答：智能电能表液晶屏显示异常，不影响计量。工作人员应尽快预约客户至现场核查处理。

二十六、在更换客户智能电能表时，是不是应该通知客户到场？

答：供电公司在智能表安装过程中，一般提前3～5天进行公告（微信服务群发布、小区公告栏张贴、住宅楼道口张贴、村委会广播等方式），告知客户换装时间，提醒客户核对、确认新、老电能表底数，并公布咨询电话以方便查询。为了规避电能表底数引发的纠纷隐患，更换后的电能表在专用库房至少保存一个抄表周期，可供客户查验。

二十七、电能表安装要求？

答：1. 安装应不存在安全隐患，便于日常维护。

2. 应垂直安装，牢固可靠。

3. 电能表端钮盖应加封完备。

4. 相邻单相电能表，垂直中心距应不小于 250mm，水平中心距应不小于 150mm 或侧面水平距离应不小于 30mm；电能表外侧距箱壁不小于 60mm。

5. 接线要求：二次回路的连接导线应采用铜质绝缘导线。电压二次回路至少应不小于 $2.5mm^2$，电流二次回路至少应不小于 $4mm^2$。二次回路导线外皮颜色宜采用：A 相为黄色；B 相为绿色；C 相为红色；中性线为黑色；接地线为黄绿双色。接线中间不应有接头，禁止接线处铜芯外露。

6. 接线正确，电气连接可靠，接触良好，配线整齐美观。可视部分与观察窗需对应，可操作部分应易于操作。

二十八、计量箱安装要求？

答：1. 安装位置正确，部件齐全，进出线开孔与导管管径适配。

2. 设备安装应装牢固，垂直度允许偏差为 1.5%。

3. 设备结构及元件的安装位置应符合设计要求。

4. 门的开闭应灵活，开启角度不小于 90°。

5. 元器件外观完好，绝缘器件无裂纹。

6. 元件安装牢固、整齐，操作灵活可靠。

7. 接线正确，电气连接可靠，接触良好，配线整齐美观。

8. 不同电压等级、交流、直流线路及强弱电间导线应分别绑扎，且有标识。

9. 金属箱体应可靠接地，标识清晰。

10. 装有电器的可开启门，门和框架的接地端子间应用裸编织铜线连接。

二十九、智能电能表是否非常灵敏，插个充电器都走？

答：所谓电能表"灵敏"，从专业上说是电能表启动电流的大小，也是常说的电能表测量范围的下限。使用充电器电能表是否走动，主要看它的功率是否低于国家检定规程要求达到的启动功率。

三十、在智能电能表的计量方面，国家电网公司既是收费员又是检定员，怎样保证计量公允和质量监控？

答：国家电网公司各级计量检定技术机构都是经过政府计量行政部门授权建立，并通过严格考核合格的法定计量检定机构，在法律规定范围内执行强制检定和其他检定、测试任务。国家电网公司高度重视电能表的质量管理，电能表在采购环节、安装前及运行中均采取了严格的质量监督措施，如用户怀疑智能电能表准确性，可到供电公司或当地政府计量行政部门申请校验。

三十一、产权分界点的规定？

答：根据《供电营业规则》第四十七条的规定：供电设施的运行维护管理范围，按产权归属确定。责任分界点按下列各项确定：

（1）公用低压线路供电的，以供电接户线用户端最后支持物为分界点，支持物属供电企业。

（2）10kV及以下公用高压线路供电的，以用户厂界外或配电室前的第一断路器或第一支持物为分界点，第一断路器或第一支持物属供电企业。

（3）35kV 及以上公用高压线路供电的，以用户厂界外或用户变电站外第一基电杆为分界点。第一基电杆属供电企业。

（4）采用电缆供电的，本着便于维护管理的原则，分界点由供电企业与用户协商确定。

（5）产权属于用户且由用户运行维护的线路，以公用线路分支杆或专用线路接引的公用变电站外第一基电杆为分界点，专用线路第一基电杆属用户。在电气上的具体分界点，由供用双方协商确定。

附录1：智能电能表异常代码

1. 故障类异常代码

此类异常一旦发生，自动循环显示功能暂停，液晶固定显示故障类异常代码。当故障类异常只有一个时，液晶固定显示该故障类异常代码；当故障类异常有几个同时发生时，按照代码递增顺序循环显示异常代码，显示时间间隔为循显时间。故障类异常显示时，按任意键可跳出故障类异常代码显示，进入正常自动循环显示。最后一次按键60s后，电能表将由正常显示返回到故障类异常代码显示。

异常名称	异常类型	异常代码	备注
控制回路错误	电能表故障	Err－01	单相表规范已定义
ESAM错误	电能表故障	Err－02	单相表规范已定义
内卡初始化错误	电能表故障	Err－03	
时钟电池电压低	电能表故障	Err－04	单相表规范已定义
内部程序错误	电能表故障	Err－05	
存储器故障或损坏	电能表故障	Err－06	
时钟故障	电能表故障	Err－08	单相表规范已定义

2. 事件类异常代码

此类异常一旦发生会在循环显示的第一屏插入显示该异常代码。当智能电能表液晶屏出现事件类异常代码时，应注意提醒用户，以防致使电能表损坏。

异常名称	异常类型	异常代码	备注
过载	事件类异常	Err－51	

续表

异常名称	异常类型	异常代码	备注
电流严重不平衡	事件类异常	Err – 52	三相表
过压	事件类异常	Err – 53	
功率因数超限		Err – 54	三相表
超有功需量报警事件	事件类异常	Err – 55	三相表
有功电能方向改变（双向计量除外）	事件类异常	Err – 56	三相表

附录2：单相智能电能表液晶屏
各图形、符号说明

电能表采用 LCD 显示信息，液晶屏可视尺寸为 60mm（长）×30mm（宽）。

（1）常温型 LCD 的性能应不低于 FSTN 类型的材质，其工作温度范围为 –25 ～ +80℃。

（2）低温型 LCD 的性能应不低于 HTN 类型的材质，其工作温度范围为 –40 ～ +70℃。

（3）LCD 应具有背光功能，背光颜色为白色。

（4）LCD 应具有宽视角，即视线垂直于液晶屏正面，上下视角应不小于 ±60°。

（5）LCD 的偏振片应具有防紫外线功能。

（6）LCD 显示的显示内容参见下图，图中各图形、符号的说明参见下表；不同类型电能表可以根据需要选择相应的显示内容。

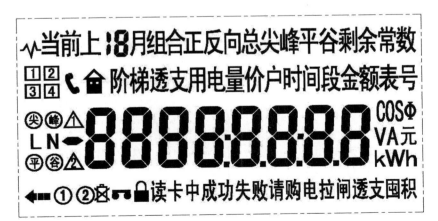

说明：LCD 显示界面信息的排列位置为示意位置，可根据用户需要调整。
单相智能电能表 LCD 显示界面参考图

单相智能电能表 LCD 各图形、符号说明

序号	LCD 图形	说　明
1	当前上 8月组合正反向总尖峰平谷剩余常数 阶梯透支用电量价户时间段金额表号	（1）当前、上 1 月 / 次～上 12 月 / 次的用电量、累计、组合、正 / 反、总、尖、峰、平、谷电量； （2）剩余金额、常数； （3）阶梯电价、电量； （4）透支金额； （5）时间、时段、表号
2	-88888888 COSφ VA元 kWh	数据显示及对应的单位符号
3	☎ 🏠 🔒 ∿ ⬅ ⊠ ☏ L N	（1）红外、485 通信中； （2）🏠 显示为测试密钥状态，不显示为正式密钥状态； （3）电能表挂起指示； （4）模块通信中； （5）功率反向指示； （6）电池欠压指示； （7）红外认证有效指示； （8）相线、零线
4	读卡中成功失败请购电拉闸透支囤积	（1）IC 卡"读卡中"提示符； （2）IC 卡读卡"成功"提示符； （3）IC 卡读卡"失败"提示符； （4）"请购电"剩余金额偏低时闪烁； （5）继电器拉闸状态指示； （6）透支状态指示； （7）IC 卡金额超过最大储值金额时的状态指示（囤积）
5	1 2 尖 峰 ⚠1 ⚠2 3 4 平 谷 ⚠1 ⚠2 ① ②	（1）指示当前运行第"1、2、3、4"阶梯电价； （2）指示当前费率状态（尖峰平谷）； （3）"⚠1 ⚠2"指示当前套、备用套阶梯电价，⚠1 表示运行在当前套阶梯，⚠2 表示有待切换的阶梯，即备用阶梯率有效； （4）① ②代表第 1、2 套时段 / 当前套、备用套费率，默认为时段

附录3：三相智能电能表液晶屏各图形、符号说明

电能表采用 LCD 显示信息，液晶屏可视尺寸为 85mm（长）×50mm（宽）。

（1）常温型 LCD 的性能应不低于 FSTN 类型的材质，其工作温度范围为 −25 ~ +80℃。

（2）低温型 LCD 的性能应不低于 HTN 类型的材质，其工作温度范围为 −40 ~ +70℃。

（3）LCD 应具有背光功能，背光颜色为白色。

（4）LCD 应具有高对比度。

（5）LCD 应具有宽视角，即视线垂直于液晶屏正面，上下视角应 ≥ ±60°。

（6）LCD 的偏振片应具有防紫外线功能。

（7）LCD 显示的内容参见下图；图中各图形、符号的说明参见下表；不同类型电能表可以根据需要选择相应的显示内容。

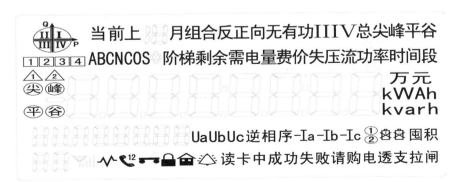

说明：LCD 显示界面信息的排列位置为示意位置，可根据用户需要调整。

三相智能电能表 LCD 显示界面参考图

三相电能表 LCD 各图形、符号说明

序号	LCD 图形	说 明
1		当前运行象限指示
2	当前上 月组合反正向无有功ⅢⅣ总尖峰平谷 ABCNCOS⑨阶梯剩余需电量费价失压流功率时间段	汉字字符，可指示： （1）当前、上1月~上12月的正反向有功电量，组合有功或无功电量，Ⅰ、Ⅱ、Ⅲ、Ⅳ象限无功电量，最大需量，最大需量发生时间； （2）时间、时段； （3）分相电压、电流、功率、功率因数； （4）失压、失流事件记录； （5）阶梯电价、电量； （6）剩余电量（费）、尖、峰、平、谷、电价
3		数据显示及对应的单位符号
4		上排显示轮显/键显数据对应的数据标识，下排显示轮显/键显数据在对应数据标识的组成序号，具体见 DL/T 645—2007
5		从左向右依次为： （1）①②代表第1、2套时段/当前套、备用套/费率，默认为时段； （2）时钟电池欠压指示； （3）停电抄表电池欠压指示； （4）无线通信在线及信号强弱指示； （5）模块通信中； （6）红外通信，如果同时显示"1"表示第1路485通信，显示"2"表示第2路485通信； （7）红外认证有效指示； （8）电能表挂起指示； （9） false 显示时为测试密钥状态，不显示为正式密钥状态； （10）报警指示

序号	LCD 图形	说　明
6	囤积 读卡中成功失败请购电透支拉闸	（1）IC 卡"读卡中"提示符； （2）IC 卡读卡"成功"提示符； （3）IC 卡读卡"失败"提示符； （4）"请购电"剩余金额偏低时闪烁； （5）透支状态指示； （6）继电器拉闸状态指示； （7）IC 卡金额超过最大费控金额时的状态指示（囤积）
7	UaUbUc逆相序－Ⅰa－Ⅰb－Ⅰc	从左到右依次为： （1）三相实时电压状态指示，Ua、Ub、Uc 分别对应于 A、B、C 相电压，某相失压时，该相对应的字符闪烁；三相都处于分相失压状态、或全失压时，Ua、Ub、Uc 同时闪烁；三相三线表不显示 Ub； （2）电压电流逆相序指示； （3）三相实时电流状态指示，Ia、Ib、Ic 分别对应于 A、B、C 相电流。某相失流时，该相对应的字符闪烁；某相断流时则不显示，当失流和断流同时存在时，优先显示失流状态。某相功率反向时，显示该相对应符号前的"－"； （4）某相断相时对应相的电压、电流字符均不显示。电表满足掉电条件时，Ua、Ub、Uc、Ia、Ib、Ic 均不显示； （5）液晶上事件状态指示和电表内事件记录状态保持一致，同时刷新
8	①②③④	指示当前运行第"1、2、3、4"阶梯电价
9	⚠①　⚠② 尖　峰 平　谷	（1）指示当前费率状态（尖峰平谷）； （2）"⚠①　⚠②"指示当前套、备用套阶梯电价，⚠① 表示运行在当前套阶梯，⚠② 表示有待切换的阶梯，即备用阶梯率有效

第八部分　电能计量服务提升工作口诀

1．申校超时管控"口诀"

客户申校要重视　受理人员总负责
督促传递要及时　把控时限不超时
五日之内出结果　受理人员来告知
校验结果不认可　陪同客户去复检

2．换表未通知及底度未确认管控"口诀"

换装流程要规范　安全文明双落实
换装时间早告知　告知方式多样化
物业客户都联系　微信群里发通知
现场断电要确认　"拆一装一"防串户
底度确认不能少　拍照留存很重要

3．计量人员服务规范"口诀"

公开服务履承诺　计量业务不收费
首问负责要主动　有问必答讲分寸
验收细心按标准　换装时间早告知
客户校表按时限　周期检定不能少
计量封印严管控　安全作业重中重

4．计量人员服务态度"口诀"

精神要饱满　仪表要大方
请谢不离口　称呼要得当
不卑也不亢　积极又热情
工作先预约　现场要清理
断电早告知　避免冲突起
客户提意见　言语要谦逊
注意客忌讳　尊重客风俗
互留手机号　用电常联系

责任编辑　刘向杰

微信号：Waterpub-Pro

唯一官方微信服务平台

销售分类：电工技术

ISBN 978-7-5170-9003-8

定价：28.00元